电网企业
一线员工 作业一本通

10kV 配网不停电作业
——绝缘手套作业法接支接线路引线

国网浙江省电力公司　组编

中国电力出版社
CHINA ELECTRIC POWER PRESS

内 容 提 要

本书为"电网企业一线员工作业一本通"丛书之《10kV配网不停电作业——绝缘手套作业法接支接线路引线》分册，围绕现场作业篇、安全防护篇、施工质量篇等内容，对本作业项目的全套流程进行了规范和演示，对生产实践具有很强的实用性。

本书可供10kV配网不停电作业基础管理者和一线员工培训和自学使用。

图书在版编目（CIP）数据

10kV配网不停电作业：绝缘手套作业法接支接线路引线 / 国网浙江省电力公司组编. —北京：中国电力出版社，2016.11（2021.8重印）
（电网企业一线员工作业一本通）
ISBN 978-7-5123-9736-1

Ⅰ. ①1… Ⅱ. ①国… Ⅲ. ①配电线路—带电作业—基本知识 Ⅳ. ①TM726

中国版本图书馆CIP数据核字（2016）第211085号

中国电力出版社出版、发行
（北京市东城区北京站西街19号 100005 http://www.cepp.sgcc.com.cn）
北京九天鸿程印刷有限责任公司印刷
各地新华书店经售

*

2016年11月第一版　2021年8月北京第三次印刷
787毫米×1092毫米　32开本　3.5印张　82千字
印数1801—2300册　定价：**18.00**元

编　委　会

编　写　组

组　长　马振宇

副组长　周　兴　陈　伟

成　员　高旭启　周晓虎　钱　栋　许国凯　张捷华　林通龙　杨晓翔

　　　　　周利生　平　原　周明杰　赵鲁冰　施震华　章锦松

丛书序

国网浙江省电力公司正在国家电网公司领导下，以"两个率先"的精神全面建设"一强三优"现代公司。建设一支技术技能精湛、操作标准规范、服务理念先进的一线技能人员队伍是实现"两个一流"的必然要求和有力支撑。

2013年，国网浙江省电力公司组织编写了"电力营销一线员工作业一本通"丛书，受到了公司系统营销岗位员工的一致好评，并形成了一定的品牌效应。2016年，国网浙江省电力公司将"一本通"拓展到电网运检、调控业务，形成了"电网企业一线员工作业一本通"丛书。

"电网企业一线员工作业一本通"丛书的编写，是为了将管理制度与技术规范落地，把标准规范整合、翻译成一线员工看得懂、记得住、可执行的操作手册，以不断提高员工操作技能和供电服务水平。丛书主要体现了以下特点：

一是内容涵盖全，业务流程清晰。其内容涵盖了营销稽查、变电站智能巡检机器人现场运维、特高压直流保护与控制运维等近30项生产一线主要专项业务或操作，对作业准备、现场作业、应急处理等事项进行了翔实描述，工作要点明确、步骤清晰、流程规范。

二是标准规范，注重实效。书中内容均符合国家、行业或国家电网公司颁布的标准规范，结合生产实际，体现最新操作要求、操作规范和操作工艺。一线员工均可以从中获得启发，举一反三，不断提升操作规范性和安全性。

三是图文并茂，生动易学。丛书内容全部通过现场操作实景照片、简明漫画、操作流程图及简要文字说明等一线员工喜闻乐见的方式展现，使"一本通"真正成为大家的口袋书、工具书。

最后，向"电网企业一线员工作业一本通"丛书的出版表示诚挚的祝贺，向付出辛勤劳动的编写人员表示衷心的感谢！

国网浙江省电力公司总经理　肖世杰

前　言

为了不断提升10kV配电网的供电可靠性，减少停电检修给用户带来的影响，10kV配网不停电作业已逐渐成为配电网的主要检修方式。绝缘手套作业法是目前10kV配网不停电作业的主要作业方式，其具有较高的作业安全性和便利性，其中接支接线路引线、断支接线路引线、更换直线杆绝缘子是10kV配网不停电作业中最基本、最常见的作业项目，也是复杂作业项目拓展应用的前提和基础。为进一步提高10kV配网不停电作业一线员工的技能水平和作业安全性，国网浙江省电力公司组织编写了"电网企业一线员工作业一本通"丛书中的《10kV配网不停电作业——绝缘手套作业法接支接线路引线》《10kV配网不停电作业——绝缘手套作业法断支接线路引线》《10kV配网不停电作业——绝缘手套作业法更换直线杆绝缘子》三本图册，作为一线员工的培训教材。

在编写过程中，编写组按照作业项目的基本流程，在确定各环节规范要求的基础上，形成本书的文本内容。根据文本内容，编写组自编、自导、自演拍摄了大量的图片，对作业项目中杆上作业的主要危险点和施工质量进行预控说明和规范展示。特别是现场作业部分的图片拍摄请一线劳模专家实际演示，对作业项目的具体操作起到规范作用。

本书为《10kV配网不停电作业——绝缘手套作业法接支接线路引线》分册，着重围绕现场作业篇、安全防护篇、施工质量篇等内容，对本作业项目的基本作业流程、现场规范作业、现场安全行为、工艺质量等进行了规范和演示，具备很强的实用性。

　　本书的编写得到了杨晓翔、钱栋、许国凯、张捷华、林通龙等劳模专家的大力支持，在此谨向参与本书编写、研讨、审稿、业务指导的各位领导、专家和有关单位致以诚挚的感谢！

　　由于编者水平有限，疏漏之处在所难免，恳请各位领导、专家和读者提出宝贵意见。

本书编写组

2016年7月

目　录

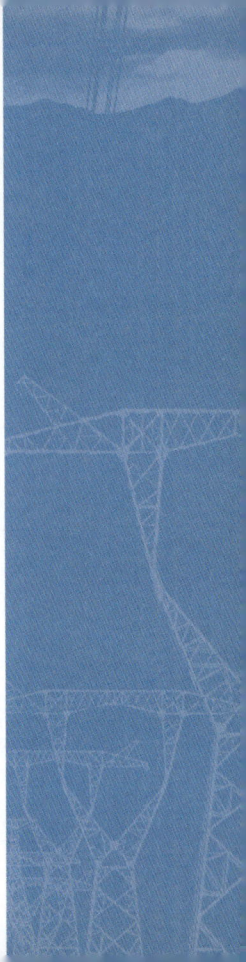

作业线路装置概况

作业项目:

接支接线路跌落式熔断器上引线。

主线路装置:

单回路三角排列;架空绝缘导线。

支接线路装置:

单回路三角排列;与主线路为垂直排列。

横担规格:

$6mm \times 60mm \times 1500mm$。

Part 1

现场作业篇主要针对绝缘手套作业法接支接线路跌落式熔断器上引线作业项目，以工作流程为主线，对作业计划形成、作业现场勘察、班组前期准备、现场作业流程、资料归档等各个环节的要点及注意事项进行详细阐述，为带电作业人员现场作业提供参考依据。

现场作业篇

一 作业计划形成

（一）作业需求报送

设备运维管理单位（用户单位）或检修（施工）单位根据带电作业实际需求报送带电作业需求单。

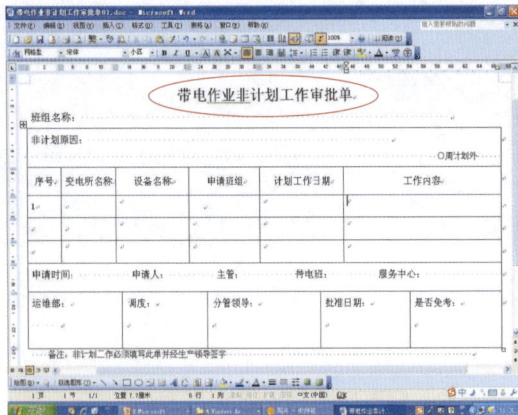

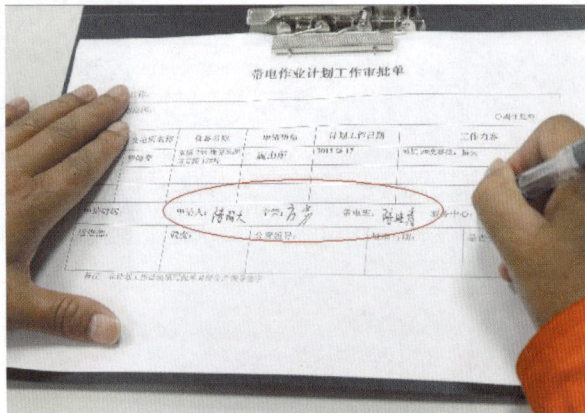

（二）列入作业计划

√　带电作业实施部门应尽早安排现场勘察。

√　将可实施带电作业的工作列入月、周作业计划。

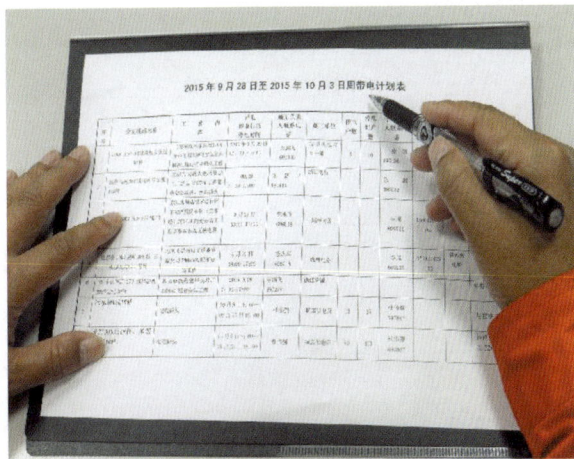

（三）停用线路重合闸申请

带电作业实施部门认为本作业项目需要停用线路重合闸的，则需提前一周向调控中心申请。

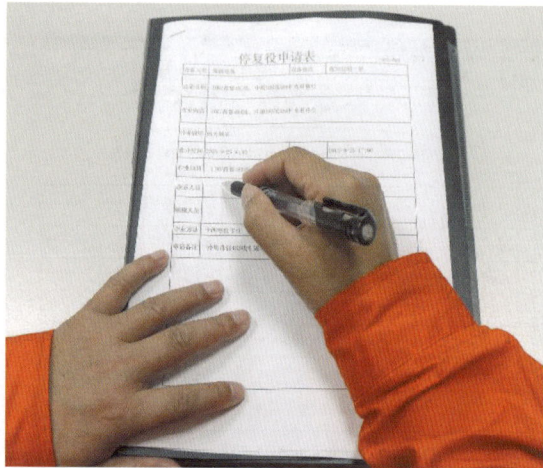

二 作业现场勘察

（一）现场勘察组织

√ 带电作业应组织现场勘察。

√ 现场勘察由工作负责人、设
　备运维管理单位（用户单
　位）和检修（施工）单位相
　关人员参加。

√ 填写现场勘察记录。

现场勘察记录格式（供参考）。

国网XX省电力公司XX供电公司

配网带电作业现场勘察记录

编号 _____

勘察单位（班组）： _____

勘察负责人： _____ 勘察人员： _____

1、工程名称：		工程联系人：

2、工作地段（注明线路双重命名及杆号）：

3、工作任务：

4、现场简图：应注明邻近、交跨的线路和交跨物情况（如：河流、道路、通讯线、建筑物等）

5、现场作业条件确认表

序号	条件项	条件内容
1	作业方法	□绝缘杆　□绝缘手套
2	作业主体带负荷情况（带电时）	□带负荷　□无负荷
3	作业主体电压等级	□20kV　□10kV　□0.4kV
4	电气作业环境	□邻近带电设备　□单一回路　□多回同杆　□高低压同杆 □跨越弱电线路　□多回同杆部分线路停电
5	地域环境	□泥洼地带　□起伏山地　□交通道口或人口密集区 □松土地带　□岩石/冻土地带　□偏僻山区　□邻近地下管线
6	杆身杆高	□8m以上　□8m以下
7	杆型	□直线杆　□耐张杆　□转角杆　□T接杆 □终端杆　□直线T接杆　□直线耐张杆　□钢管塔

6、运行单位配合线路、设备情况：

7、其他主要危险点及防范措施：

记录人： _____　　　　　　　　勘查时间： _____年___月___日

（二）现场勘察要点一

线路装置是否符合带电作业条件

√　电杆及埋深、基础、拉线等是否符合要求。

√　支接线路跌落式熔断器是否已拉开、熔管是否已取下。

√　支接线路的方位和装置的电气间距对作业的影响。

√　负荷侧有无倒送电的可能性。

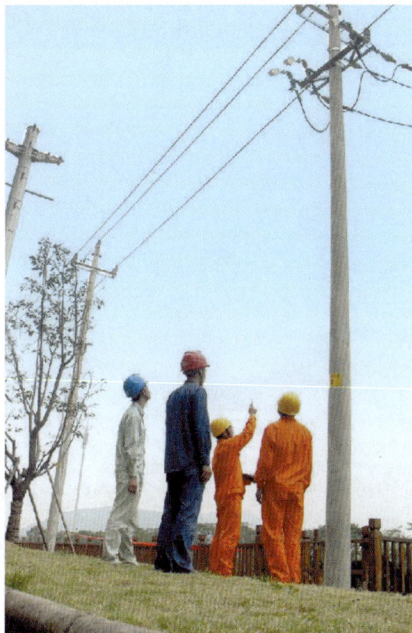

（三）现场勘察要点二

周围环境是否符合带电作业要求

应勘察作业现场条件和环境及其他影响作业的危险点。如绝缘斗臂车停放位置及车辆接地、绿化树木和交通的影响等。

（四）移交勘察记录

√　现场勘察后，现场勘察记录应送交工作票签发人、工作负责人及相关各方，确定作业方式。

√　作为填写、签发工作票和现场作业指导书的依据。

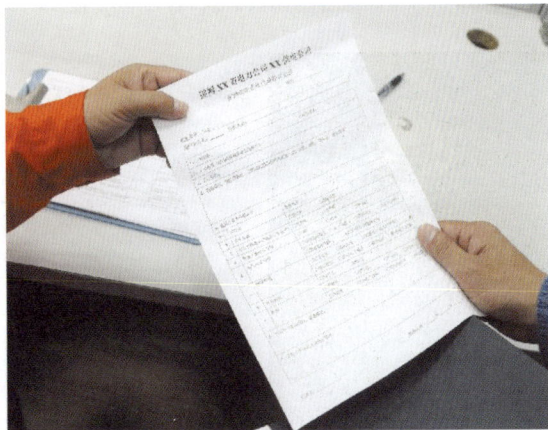

三 前期准备

（一）确定工作班成员

本作业项目需配置工作负责人1名、斗内电工1~2名、地面电工1名。

按照《国家电网公司带电作业工作管理规定》，持证人参加配电线路带电作业资质培训，经理论和技能考核合格，具备配电线路带电作业资质。

本证书自签发之日起至____年____月____日有效。

签发单位：   国家电网公司

签发日期：____年____月____日

2寸照片

姓名_____   性别_____

身份证号_____

工作单位_____

证书编号_____

人员要求：

　　工作负责人应由具有带电作业资格和实践经验，并单位书面批准。工作班成员应取得作业资格，并经单位批准。

（二）填写工作票

√ 根据现场勘察记录，工作负责人在 PMS 系统填写配电带电作业工作票。

√ 工作票应提前一天签发。

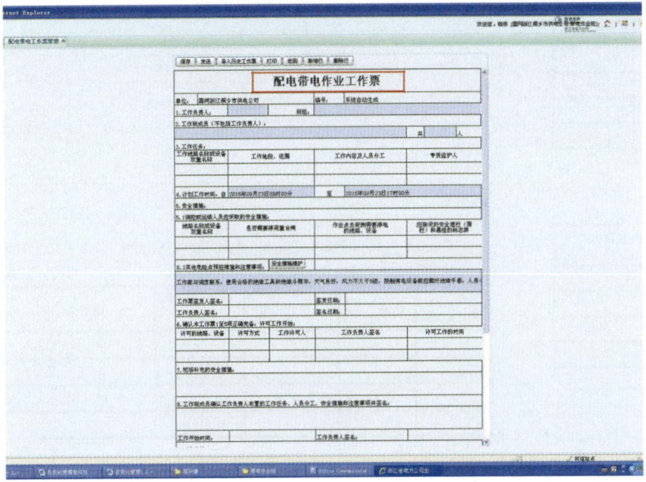

注意：

一张工作票中，工作票签发人、工作许可人和工作负责人三者不得为同一人。

配电带电作业工作票格式

配电带电作业工作票

单位 _____ 编号 _____

1. 工作负责人 _____ 班组 _____

2. 工作班成员（不包括工作负责人）：_____

_____ 共 ___ 人。

3. 工作任务：

线路名称或设备双重名称	工作地段、范围	工作内容及人员分工	专责监护人

4. 计划工作时间：自 ___ 年 ___ 月 ___ 日 ___ 时 ___ 分 至 ___ 年 ___ 月 ___ 日 ___ 时 ___ 分。

5. 安全措施：

5.1 调控或运维人员应采取的安全措施：

线路名称或设备双重名称	是否需要停用重合闸	作业点负荷侧需要停电的线路、设备	应装设的安全遮栏（围栏）和悬挂的标志牌

5.2 其他危险点预控措施和注意事项：_____

_____

工作票签发人签名：_____ 签发日期：_____ 年 ___ 月 ___ 日 ___ 时 ___ 分。

工作负责人签名：_____ _____ 年 ___ 月 ___ 日 ___ 时 ___ 分。

6. 确认本工作票1至5项正确完备，许可工作开始：

许可的线路或设备	许可方式	工作许可人	工作负责人签名	许可工作的时间
				年 月 日 时 分
				年 月 日 时 分
				年 月 日 时 分

7. 现场补充的安全措施：

_____

_____

8. 现场交底：工作班成员确认工作负责人布置的工作任务、人员分工、安全措施和注意事项并签名：

_____

9. 工作终结：

9.1 工作班人员已全部撤离现场，工具、材料已清理完毕，杆塔、设备上已无遗留物。

9.2 工作终结报告：

终结的线路或设备	报告方式	工作许可人	工作负责人签名	终结报告时间
				年 月 日 时 分
				年 月 日 时 分
				年 月 日 时 分
				年 月 日 时 分

10. 备注：

_____

_____

（三）编写现场标准化作业指导书

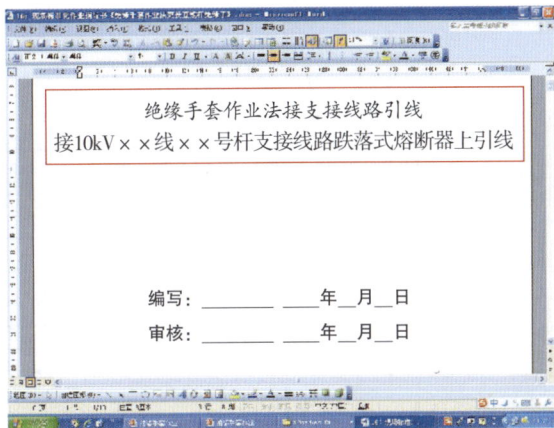

√　工作负责人应根据现场勘察的情况，考虑作业中的技术难点、重点及危险点，编写现场标准化作业指导书。

√　现场标准化作业指导书应提前一天审核批准。

现场标准化作业指导书格式

编号：Q/DDZY00×

绝缘手套作业法接支接线路引线

接10kV×线×号杆支接线路跌落式
熔断器上引线

编写：_____ ___年__月__日

审核：_____ ___年__月__日

批准：_____ ___年__月__日

作业负责人：_____

作业日期：___年__月__日__时至___年__月__日__时

1. 范围
2. 规范性引用文件
3. 人员组合
4. 工器具
4.1 装备

√	序号	名称	规格/编号	单位	数量	备注

4.2 个人安全防护用品

√	序号	名称	规格/编号	单位	数量	备注

4.3 绝缘遮蔽用具

√	序号	名称	规格/编号	单位	数量	备注

4.4 绝缘工具

√	序号	名称	型号/规格	单位	数量	备注

4.5 金属工具

√	序号	名称	型号/规格	单位	数量	备注

4.6 仪器仪表

√	序号	名称	型号/规格	单位	数量	备注

4.7 其他工具

4.8 材料

√	序号	名称	规格/编号	单位	数量	备注

5. 作业程序
5.1 开工准备

√	序号	作业内容	步骤及要求

5.2 操作步骤

√	序号	作业内容	步骤及要求

6. 工作结束

√	序号	作业内容	步骤及要求

7. 验收记录

记录检修中发现的问题	
存在问题及处理意见	

8. 现场标准化作业指导书执行情况评估

评估内容	符合性	优	可操作项	
		良	不可操作项	
	可操作性	优	修改项	
		良	遗漏项	
存在问题				
改进意见				

9. 附录

四　出发前准备

（一）召开班前会

√　由工作负责人主持；

√　确认工作班成员身体状况和精神状态良好；

√　工作班成员熟悉工作票内容；

√　学习现场标准化作业指导书；

√　熟悉现场作业流程、安全措施和技术措施等。

（二）出车前准备工作

√ 检查车辆的启停及
  信号指示正常；

√ 检查车辆油位正常；

√ 检查车辆胎压正常；

√ 检查车辆上装部分
  完好无损等；

√ 做好车辆表面清洁
  工作。

检查车辆启停及信号

检查胎压

检查车辆上装

表面清洁

（三）准备工器具和材料

出库

登记

装箱

√ 工作班成员准备作业所需的工器具和材料。

√ 工器具应试验合格且在有效期内，并办理出库手续。

√ 已出库的绝缘工器具应装袋或装箱，防止受潮和损坏。

√ 绝缘工器具和金属工器具不得混放。

本作业项目所需的装备和主绝缘工具有绝缘斗臂车、测距杆、绝缘绳、高压验电器。

绝缘斗臂车

绝缘绳

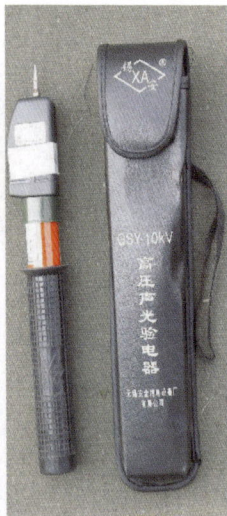

高压验电器

测距杆

本作业项目所需的个人绝缘防护用具有绝缘安全帽、绝缘服（绝缘披肩或绝缘袖套）、绝缘手套（防刺穿手套）、绝缘鞋（靴）、安全带。

绝缘手套（防刺穿手套）

绝缘鞋（靴）

绝缘服

安全带

绝缘安全帽

本作业项目常用的绝缘遮蔽用具有导线遮蔽管、绝缘隔板、绝缘毯及毯夹。

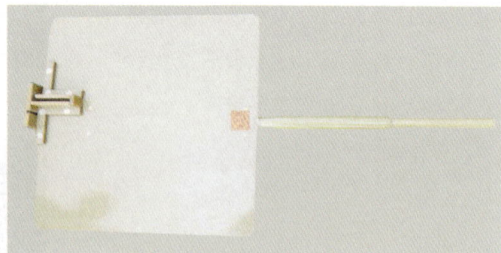

绝缘隔板1块

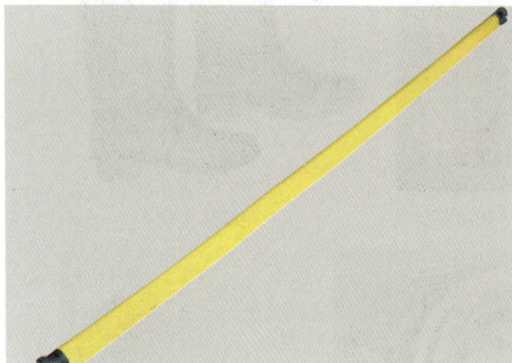

导线遮蔽管（3m）2根

绝缘毯1块、毯夹2只

本作业项目所需的仪器仪表有绝缘电阻检测仪、温湿度计、风速仪、工频高压发生器、对讲机。

风速仪

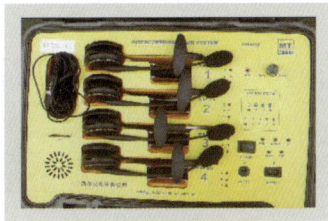

对讲机

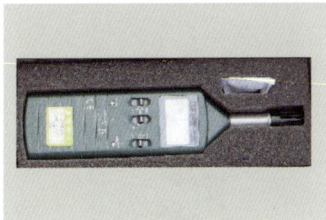

工频高压发生器

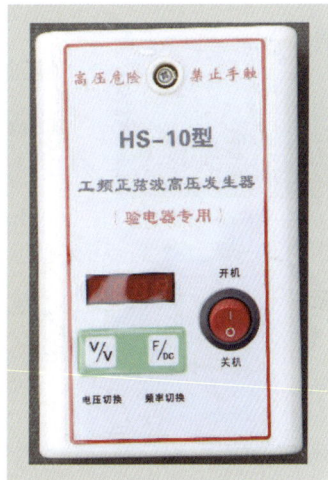

温湿度计

绝缘电阻检测仪

本作业项目所需的其他工器具有：防潮垫、个人常用工具、断线钳、剥皮器、电动扳手、钢卷尺、护目镜、工具袋（箱）、清洁布、安全围栏、标示牌、路障。

防潮垫

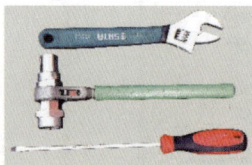

个人常用工具

护目镜

剥皮器

钢卷尺

安全围栏

断线钳

工具袋（箱）

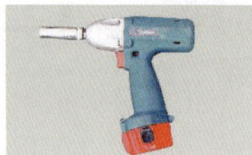

电动扳手

标示牌

路障

本作业项目所需的材料有：绝缘导线、设备线夹、并沟线夹、绝缘自粘带、绝缘胶带。

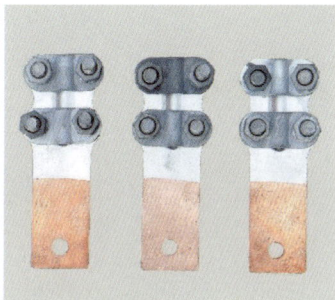

设备线夹

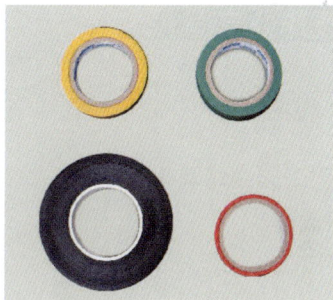

绝缘自粘带、绝缘胶带

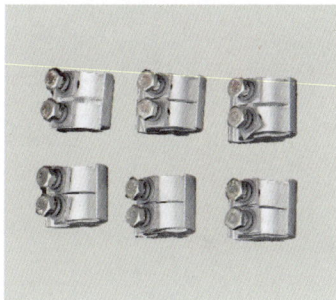

并沟线夹

绝缘导线

五 现场作业流程

（一）现场复勘

1. 核对工作线路双重名称、杆号无误

2. 检查作业点周围环境应符合作业要求

3. 检查线路装置应具备带电作业条件

√ 电杆及其埋深、基础、拉线等应符合要求；　　√ 检查支接线路防倒送电的安全措施已做好；

√ 支线跌落式熔断器已拉开、熔管已取下；　　√ 核对主线路和支接线路的相色标记。

检查埋深　　　　　　　　　　检查线路装置　　　　　　　　核对相色标记

4. 检查气象应符合带电作业要求

√　现场作业前，须进行风速和湿度的测量；

√　风力大于5级或湿度大于80%时，不宜带电作业；

√　若遇雷电、雪、雹、雨、雾等不良天气，禁止带电作业。

湿度测量

风速测量

5. 检查工作票和现场作业指导书所列安全措施，必要时补充安全技术措施

（二）工作许可

1. 工作许可要求

√　本作业项目，工作负责人应向值班调控人员履行许可手续。

√　若需停用线路重合闸，则向值班调控人员申请停用线路重合闸。

调控值班员您好：我是带电班工作负责人×××，今天我班组准备在10kV××线×号杆进行带电接引线工作，计划工作时间为×年×月×日×时×分至×年×月×日×时×分，现向您申请停用10kV××线重合闸。

您好：我是调控值班员×××，10kV××线重合闸已退出，许可时间为×年×月×日×时×分。

2. 与停电作业配合的作业

与停电配合的接分支引线作业，当停电、带电作业工序转换时，双方工作负责人进行安全技术交底，确认无误后，方可开始带电作业。

（三）布置作业现场

1. 装设围栏和标示牌

√　城区、人口密集区或交通道口和通行道路上施工时，工作场所周围应装设遮栏（围栏）。

√　在相应部位装设"在此工作！"标示牌。

√　必要时，派人看管。

2. 现场围栏设置范围的考虑

√ 道路的正常通行；

√ 绝缘斗臂车的停放和专用接地线的设置；

√ 工作中绝缘臂的旋转范围和绝缘斗挑出的范围；

√ 防潮毯（垫）和工器具现场摆放等。

3. 在通行道路上作业时，应设置交通警告标志

√　对有道路隔离带的，在道路前方30～50m处。

√　对无道路隔离带的，在道路前后方30～50m处。

4. 绝缘斗臂车的现场停放要求

√ 应选择适当的工作位置，支撑应稳固可靠。

√ 应避免停放在沟道盖板上。

√ 软土地面应使用垫块或枕木，垫放时垫板重叠不超过2块，呈45°。

√ 停放位置如为坡地，停放位置坡度应不大于7°，绝缘斗臂车车头应朝下坡方向停放。

5. 绝缘斗臂车接地

√ 绝缘斗臂车的车体应使用不小于16mm^{2}的软铜线良好接地。

√ 临时接地体埋深应不小于0.6m。

6. 工器具的摆放

作业现场应将使用的带电作业工具分类整理摆放在防潮的帆布或绝缘垫上，以防脏污和受潮。

（四）现场站班会

现场站班会内容：

√ 检查工作班成员身体情况和精神状态是否良好；

√ 检查工作班成员的着装等穿戴是否符合要求；

√ 向工作班成员交代工作内容、人员分工、现场安全措施和技术措施，并告知作业中的危险点；

√ 工作班成员履行签名确认手续。

签名

查着装

交底

分工

（五）检测工器具

1. 对工器具进行擦拭和外观检查

√ 用清洁干燥的布对绝缘工器具进行擦拭；

√ 检查绝缘工器具无变形损坏，操作灵活；

√ 检查绝缘防护用具无针孔、砂眼、裂纹等；

√ 检查手工工具操作灵活。

2. 检查绝缘手套和高压验电器

√ 绝缘手套在使用前要压入空气，检查有无针孔缺陷。

√ 用高压验电器自检按钮检查正常。

√ 用工频高压发生器确认高压验电器良好。

绝缘手套压气检查

高压验电器检查

3. 检测绝缘工具的绝缘电阻

√ 应使用2500V及以上的绝缘电阻检测仪。　　√ 绝缘电阻值不得低于700MΩ。

√ 检测电极要求：极宽2cm、极间距2cm。　　√ 需检测的绝缘工具有绝缘绳、测距杆。

注意：

（1）绝缘电阻检测仪使用前，应自检合格。

（2）绝缘电阻测试人员应戴绝缘手套。

4. 绝缘斗臂车试操作

√　操作人员应在斗臂车下方操作位置空斗试操作一次。

√　确认液压传动、回转、升降、伸缩系统工作正常、操作灵活，制动装置可靠。

5．汇报检测结果

√ 工器具检测完毕后，应向工作负责人汇报检查结果。

√ 对现场检测不合格的工器具不得在带电作业中使用。

（六）作业准备

1. 将工器具搬移至绝缘斗内

注意：

✓ 绝缘毯应用毯夹加以固定；

✓ 小件工器具宜放在专用的工具袋（箱）内；

✓ 放置在绝缘斗内的绝缘工器具应防止人员踩踏。

 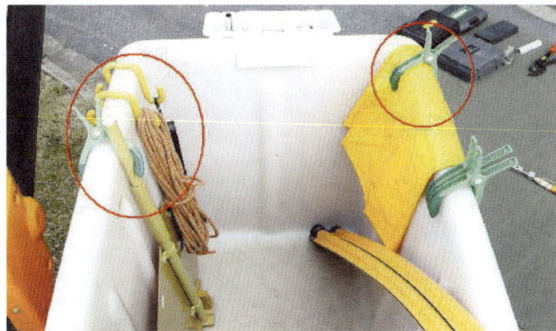

2. 穿戴个人绝缘防护用具

规范穿戴

工作负责人检查

√　作业人员应在地面穿戴妥当绝缘安全帽、绝缘鞋（靴）、绝缘服（绝缘披肩或绝缘袖套）、绝缘手套及防刺穿手套、安全带等。

√　穿戴完毕后，由工作负责人进行检查。

3. 安全带冲击试验

冲击试验

√ 作业人员应对安全带做冲击试验。

√ 进入绝缘斗内，首先应系好安全带。

系好安全带

（七）作业步骤

1. 验电

√ 通过验电器自检按钮检查
其良好。

√ 验明横担和支接线路确无
漏电。

注意:

（1）伸缩式验电器的有效绝缘长度应大于0.7m。

（2）将验电结果报告工作负责人。

2. 检查跌落式熔断器

√　检查跌落式熔断器有无脏污、损坏、松动情况。

√　必要时，可用绝缘电阻检测仪检查绝缘部分是否良好，其绝缘电阻值应不低于 $500M\Omega$。

检查

测试

3. 测距及制作引线

√ 用绝缘测距杆测量三相跌落式熔断器上引线长度。

√ 地面电工完成三相引线制作。

  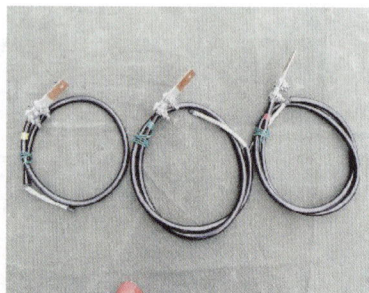

| 测距 | 制作引线 | 三相引线 |

注意:

（1）实测距离为熔断器上接线柱至主导线搭接部位的距离。

（2）根据实测距离增加引线弧度及两端连接部位的长度。

（3）引线端头应做好相色标记。

4. 设置内边相主导线绝缘遮蔽措施

√　应遵循由近到远、从大到小的原则。

√　遮蔽的部位及顺序：两侧主导线、绝
　　缘子扎线部位。

5. 安装跌落式熔断器三相引线

注意：

（1）安装时应注意相色标记。

（2）安装引线时应防止引线弹跳。

（3）三相引线应安装牢固。

6. 设置绝缘隔板

在中相和近边相的跌落式熔断器之间设置绝缘隔板。

7. 带电接中相引线

√ 剥除中相主导线搭接部位的绝缘层；

√ 在绝缘层破口出做好防水处理；

√ 核对主线路和支线的相色标记应一致；

√ 对引线进行试搭，调整长度合适；

√ 将引线快速与主线接触后，安装线夹；

√ 套上并沟线夹防护罩。

剥绝缘层

防水处理

接引线

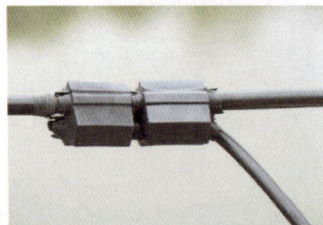

安装防护套

注意：

绝缘斗应停在内边相导线的内侧或上方。

◆建议采用双沟线夹操作杆或绝缘锁杆，连接前先将引线固定在主导线上。

◆如绝缘斗停在内边相附近无法完成作业，则应增加外边相导线绝缘遮蔽措施，绝缘斗穿入两边相中间进行接中相引线。

穿档采用绝缘锁杆接中相引线作业

穿档接中相引线作业

8. 带电接外边相引线

剥绝缘层

防水处理

接引线

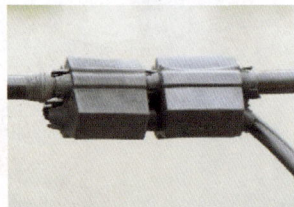

安装防护套

√ 剥除外边相主导线搭接部位的绝缘层；

√ 在绝缘层破口处做好防水处理；

√ 核对主线路和支线的相色标记应一致；

√ 对引线进行试搭，调整长度合适；

√ 将引线快速与主线接触后，安装线夹；

√ 套上并沟线夹防护罩。

注意：

绝缘斗应停在外边相导线的外侧。

◆ 建议采用绝缘双沟线夹操作杆或绝缘锁杆，连接前先将引线固定在主导线上。

采用绝缘双沟线夹操作杆接外边相引线作业

9. 带电接内边相引线

√ 拆除内边相导线搭接部位的绝缘遮蔽措施；

√ 剥除外边相主导线搭接部位的绝缘层；

√ 在绝缘层破口处做好防水处理；

√ 核对主线路和支线的相色标记应一致；

√ 对引线进行试搭，调整长度合适；

√ 将引线快速与主线接触后，安装线夹；

√ 套上并沟线夹防护罩。

防水处理

接引线

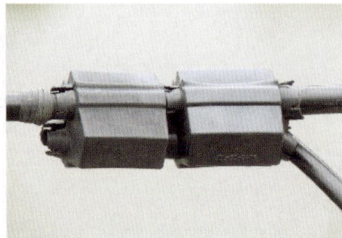

安装防护套

注意：

绝缘斗应停在内边相导线的内侧。

◆建议采用双沟线夹操作杆或绝缘锁杆，连接前先将引线固定在主导线上。

采用双沟线夹操作杆接内边相引线作业

固定引线

安装线夹

采用双沟线夹操作杆接内边相引线作业

10. 拆除绝缘遮蔽措施

√ 应遵循从上到下、从小到大、由远到近的原则。

√ 拆除顺序：绝缘子扎线部位、两侧主导线、绝缘隔板。

注意：

（1）拆除导线遮蔽时，应避免导线大幅度晃动。

（2）拆除绝缘隔板应手握隔板手柄。

11.　工作结束

√　完工后，作业人员应检查工作地段的状况，确认无遗留物。

√　经工作负责人许可后离开作业区域。

√　斗内作业人员落地后，方能摘下个人绝缘防护用具。

（八）现场收工会

√ 工作负责人组织召开现场收工会。

√ 对本次工作的施工质量、安全措施落实情况、规程执行情况进行总结和点评。

（九）工作终结

√　作业结束后，工作负责人应及时向值班调控人员或运维人员汇报，并终结工作票。

√　如停用线路重合闸的作业，应向值班调控人员申请恢复线路重合闸。

调控值班员您好：我是带电班工作负责人×××，我班组在10kV××线×号杆进行带电接引线工作已经完成，人员已撤离，线路装置符合运行要求，现可以恢复10kV××线重合闸。

您好：我是调控值班员×××，10kV××线重合闸已恢复，终结时间为×年×月×日×时×分。

（十）清理场地

√ 工作班成员整理工
具、材料，将工器
具清洁后放入专用
的箱（袋）中。

√ 清理现场，做到工
完料尽场地清。

（六）资料归档

- √ 工作负责人将现场勘察记录单、工作票、现场标准化作业指导书移交给资料保管员。
- √ 资料保管员进行资料归档，并保存一年。

Part 2

安全防护篇主要针对绝缘手套作业法接支线跌落式熔断器上引线作业过程中的主要安全防护要求，旨在规范带电作业中的危险点防控，避免在带电作业中引起人身伤害，为布防带电作业的安全措施提供参考依据。

安全防护篇

一 防高处坠落

（1）绝缘斗臂车的支撑应稳固可靠，机身倾斜不得超过制造厂的规定，应有防倾覆措施。

支腿未完全伸出时的作业范围

支腿完全伸出时的作业范围

（2）进入绝缘斗应系好安全带，防止作业时人体重心偏移引起高空坠落。

（3）作业人员和工器具的总质量不得超过绝缘斗的额定载荷200kg。

二 防物体打击

（1）检查电杆及埋深、基础、拉线等符合要求，防止倒杆。

检查基础

检查埋深

（2）作业人员应将斗内工器具加以固定，避免引起高空落物。

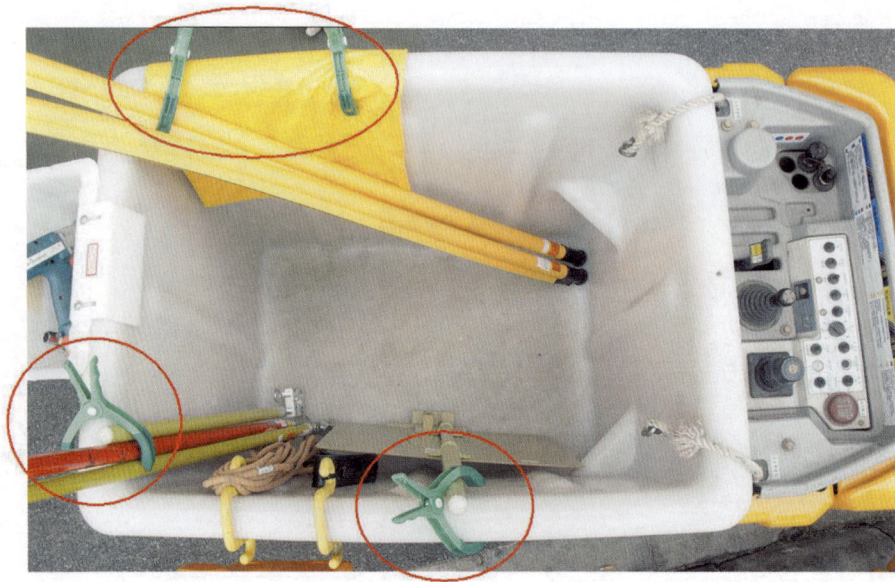

（3）在接引线作业时应注意手势，以免引线和线夹引起高空落物。

（4）作业时，地面人员禁止站在绝缘斗臂车的工作臂、绝缘斗的下方。

（5）作业时，地面人员禁止站在作业落物区的范围内。

（6）操作绝缘斗臂车时，应注意速度和观察周围，绝缘斗的起升、下降速度不应大于0.5m/s，斗臂车回转时，作业斗外缘的线速度不应大于0.5m/s，防止绝缘斗及人员与周围物体发生碰撞。

三　防触电伤害

跌落式熔断器在合闸位置接引线

（1）禁止带负荷接支线跌落式熔断器上引线。

（2）支接线路应有防倒送电措施。若可视范围内无相应的安全措施，则在作业中将支接线路视为带电线路。

（3）绝缘斗臂车应可靠接地，防止地面人员可能引起接触电压触电。

（4）斗内作业人员应按要求穿戴个人绝缘防护用具。带电作业过程中，禁止摘下绝缘防护用具。

（5）接引线前，应检查三相跌落式熔断器各部件良好。必要时，用绝缘电阻检测仪检查其绝缘情况，绝缘裙边的绝缘电阻应不低于500MΩ。

（6）测量引线距离时，斗内电工应与带电体保持0.4m以上的安全距离。

（7）测量引线距离时，绝缘测距杆的有效绝缘长度应不小于 0.7m。

（8）作业人员在带电体上作业时，绝缘臂的有效绝缘长度应不小于1m。

（9）绝缘斗臂车的金属部分在仰起、回转运动中，与带电体间的安全距离不得小于0.9m。

≥0.9m

（10）对带电导线进行绝缘遮蔽时，人体应与横担等地电位物体保持0.4m以上安全距离。

（11）穿档断中相引线时，应防止绝缘遮蔽不到位或超出遮蔽范围进行作业。

穿档接外边相引线时，与中相导线安全距离不足0.6m

≥0.6m

≥0.4m

≥0.4m

（12）接引线时，严禁作业人员一手握导线、一手握引线发生人体串接情况。

一人串接

两人串接

（13）穿档接中相引线时，应防止绝缘遮蔽不到位或超出遮蔽范围进行作业。

穿档接中相引线时，与外边相导线安全距离不足0.6m。

（14）绝缘斗上双人带电作业，禁止同时在不同相或不同电位作业，并应同时注意与其他电位物体间的安全距离。

（15）拆除带电导线绝缘遮蔽时，人体应与横担等地电位物体保持0.4m以上、与邻相保持0.6m以上的安全距离。

Part 3

　　施工质量篇主要针对绝缘手套作业法接支线跌落式熔断器上引线作业过程中的施工质量及工艺要求，旨在规范带电作业人员施工质量，减少由此引起的线路运行隐患和故障率，为带电作业的施工质量提供参考依据。

施工质量篇

一 导线防水措施

三相引线应采用绝缘导线，引线与导线的连接部位应有防水措施。

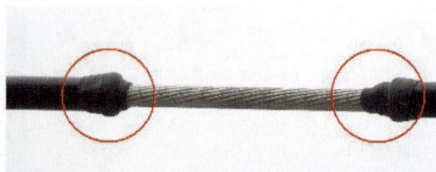

二 引线防散股措施

引线无断股现象，端口应有防止散股的措施。

三 三相引线弧度要求

三相引线长度适宜，弧度应均匀。

三相引线
弧度不均匀

四　引线端口朝向

接引线时，三相引线的端口应统一朝向主线路的电源侧。

五 引线安装规范

　　每相引线与主导线的连接不少于2个连接线夹，引线穿出线夹的长度为 2～3cm，连接线夹之间应留出一个线夹的宽度。

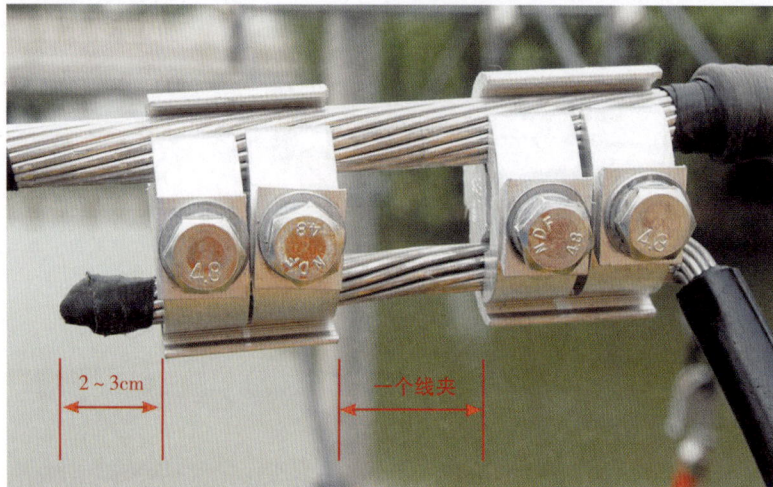

六　引线的安全距离

三相引线安装后，引线应与周围接地物体保持0.2m以上距离，引线间应保持0.3m以上距离。